Die infektiöse Endokarditis. Klinisch-epidemiologische Grundlagen und Wesensmerkmale

Annabell Liebetrau

Bibliografische Information der Deutschen Nationalbibliothek:

Die Deutsche Nationalbibliothek verzeichnet diese Publikation in der Deutschen Nationalbibliografie; detaillierte bibliografische Daten sind im Internet über http://dnb.d-nb.de abrufbar.

ISBN: 9783346974525
Dieses Buch ist auch als E-Book erhältlich.

Trappentreustraße 1
80339 München

Druck und Bindung: Books on Demand GmbH, Norderstedt Germany
Gedruckt auf säurefreiem Papier aus verantwortungsvollen Quellen

Das Buch bei GRIN: https://www.grin.com/document/1420119

Studiengang Berufspädagogik im Gesundheitswesen (B.A.)

1. Semester

Hausarbeit

Die infektiöse Endokarditis

Klinisch-epidemiologische Grundlagen und Wesensmerkmale

Vorgelegt am 3. Juli 2017

Vorgelegt von Liebetrau, Annabell

Inhaltsverzeichnis

Abbildungsverzeichnisverzeichnis

Abkürzungsverzeichnis

ED	Einzeldosis/ Einzeldosen
E.	Endokarditis/ Endokarditiden
ESC	European Society of Cardiology
HF	Herzfrequenz
IE	infektiöse Endokarditis/ Endokarditiden
TEE	transoesophageale Echokardiografie
TTE	transthorakale Echokardiografie

1 Einleitung

Unser Herz arbeitet Tag für Tag, rund um die Uhr, 24 Stunden ohne ein einziges Mal zu ruhen. Im Trott unseres Alltages stellen wir Menschen über diese Tatsache keine Überlegungen an und sehen die Leistung unseres Herzes als selbstverständlich. Umso schlimmer ist es dann, wenn das Herz – unser wichtigster Muskel – erkrankt und dabei an Leistungsfähigkeit verliert. Leider kommt das häufig vor. Seit Jahren sind in Deutschland Herz-Kreislauferkrankungen Todesursache Nummer Eins. Dabei kommt es immer häufiger zur Diagnose Endokarditis (E.). Die Mehrzahl der Bevölkerung ist sich nicht im Klaren welche Bedeutsamkeit diese Diagnose hat und, dass die E. unbehandelt einen letalen Verlauf nimmt. Um der Erkrankung diese Bedeutsamkeit zu verschaffen, werden in der vorliegenden Arbeit klinisch-epidemiologischen Grundlagen und Wesensmerkmale der infektiösen Endokarditis (IE) detailliert erläutert. Warum plötzlich „infektiöse" Endokarditis? – Im Hinblick auf den begrenzten Umfang dieser Hausarbeit, können nicht alle Formen der E. beleuchtet werden. Daher wird lediglich bei der Definition auf die Endokarditis im Allgemeinen eingegangen. In allen anderen Kapiteln wird speziell die IE näher erläutert. Dabei werden wesentliche Aspekte wie die Epidemiologie, Ätiologie und Pathogenese, sowie auch die Klinik der IE betrachtet. Die Diagnostik und die Therapie werden aufgrund deren großen Umfangs ausführlich erläutert. Um das Verständnis der vielen Zusammenhänge zu gewährleisten, ist zu Beginn der Arbeit das Auffrischen der anatomischen Grundlagen des Herzens möglich.

2 Das Herz – Anatomische Grundlagen

Der ungefähr faustgroße Hohlmuskel liegt in einem doppelwandigen Beutel im vorderen unteren Mediastinum zwischen den beiden Lungenflügeln. Der eben genannte Beutel ist der sog. Herzbeutel. Dieser besteht aus dem Epikard und dem Perikard. Das Perikard bildet dabei die äußere Begrenzung zu den Mediastinalorganen und schützt das Herz vor der Umgebung. Das etwa 320g schwere muskulöse Hohlorgan schlägt unter Ruhebedingung mit einer Herzfrequenz (HF) von ungefähr 70 Schlägen pro Minute. Bei leichter Belastung, z.B. bei längerem bergauf gehen, steigt die HF auf etwa 130 Schläge pro Minute an. Bei kurzzeitiger maximaler Belastung, z.B. bei einem Sprint, kann sie bis zu 180 Schlägen pro Minute ansteigen. (Held, 2007, S. 1-13; Engelhardt et al., 2012, S. 76, 224)

Durch die Herzscheidewand, dem Septum cardiale, wird das Herz in zwei Teile getrennt: die rechte und die linke Herzhälfte. Jede Herzhälfte besitzt jeweils einen Vorhof und eine Kammer. In der rechten Herzhälfte befindet sich also das Atrium cordis dextrum (rechter Vorhof) und der Ventriculus cordis dexter (rechte Herzkammer). In der linken Herzhälfte befindet sich demnach das Atrium cordis sinistrum (linker Vorhof) und der Ventriculus cordis sinister (linke Herzkammer). In der rechten Herzhälfte wird Atrium und Ventrikel durch die Valva tricuspidalis (Trikuspidalklappe) getrennt, welche als Einlassventil dient. Zur rechten Hälfte gehört außerdem die Valva trunci pulmonalis (Pulmonalklappe) als Auslassventil zwischen rechtem Ventrikel und der Arteria pulmonalis. Diese Hälfte des Herzens ist also für den Lungenkreislauf zuständig. Sie transportiert sauerstoffarmes Blut aus dem Körperkreislauf in den Lungenkreislauf um dort den Gasaustausch mit den Alveolen durchzuführen. In der linken Herzhälfte wird Atrium und Ventrikel durch die Valva mitralis (Mitralklappe) getrennt, welche, genau wie die Valva tricuspidalis in der rechten Hälfte, als Einlassventil dient. Die Valva aortae (Aortenklappe) dient als Auslassventil zwischen linkem Ventrikel und Aorta. Das sauerstoffreiche Blut kommt dann aus dem Lungenkreislauf in die linke Herzhälfte über die Aorta in den Körperkreislauf. (Held, 2007, S. 1-3; Engelhardt et al., 2012, S. 224-227)

Die Herzwand besteht aus drei Schichten: das Endokard (Herzinnenhaut), das Myokard (Herzmuskelschicht) und das Epikard (Herzaußenhaut), wobei das Epikard, wie oben schon erwähnt, zusammen mit dem Perikard den Herzbeutel bilden. Da es in dieser Arbeit um die IE geht, werden sich die folgenden Zeilen auf die Anatomie des Endokards beschränken. Wie gerade schon erwähnt ist das Endokard die innerste Schicht des Herzes und kleidet das Herz somit von innen aus. Sie besteht aus einer sehr dünnen und glatten Endothelhaut über die das Blut gut fließen kann, sodass keine Unebenheiten auftreten in denen sich Thrombozyten o.ä. ansammeln können. Die Blutversorgung erfolgt über das Endothel direkt aus dem transportierten Blut, da sich im Endokard selber keine Blutgefäße befinden. Auch die Herzklappen und Sehnenfäden bestehen aus besonders faserreichem Endokard. Dies erklärt, wie man später erfahren wird, warum es häufig zur E. valvularis kommt und daher auch zu Herzklappenfehlern. (Held, 2007, S. 4-5; Engelhardt et al., 2012, S.228) Im Anhang A ist eine schematische Darstellung der Anatomie des Herzes zu finden.

3 Definition der Endokarditis

Zunächst etwas zur Wortherkunft. Das Wort Endokarditis setzt sich aus zwei Teilen zusammen: das „Endokard“ und die Endsilbe „-itis“. Die Endsilbe hat in der Medizin die einfach Bedeutung „Entzündung“. Der erste Teil des Wortes, das „Endokard“, kommt aus dem griechischen und kann nochmals zerlegt werden. Dabei kommt das Wort „endon“ hervor, was so viel wie „innen, darin, innerhalb“ heißt und „kardia“ was so viel wie „Herz“ heißt. Somit kommt man zu dem Ergebnis, dass das Wort „Endokarditis“ eine Entzündung der Herzinnenhaut, bzw. korrekt in die deutsche Sprache übersetzt eine „Herzinnenhautentzündung“ ist.

Nun zu der fachlichen Definition. Die E. ist eine chronische oder akute Entzündung des Endokards. Sie tritt meist als E. der Herzklappen auf, die E. valvularis. Dabei sitzt die Entzündung meist am Schließungsrand der betroffenen Klappe. Der Befall der Aortenklappe tritt zu 29% und der der Mitralklappe zu 20% auf. Eine weitere, eher seltene E. ist die der Vorhof- und Kammerwände, die sog. E. parientalis. Auch im Bereich der Sehnenfäden, die sog. E. chordalis, und Papillarmuskeln des Endokards kann eine E. auftreten. (Herold, 2016, S.158; Maisch, Alter, Karatolius, Ruppert & Pankuweit, 2007, S. 262; Plicht, Jánosi, Buck & Erbel, 2010, S. 994)

Man unterscheidet dabei zwischen verschiedenen Formen der E. Zum einen gibt es abakterielle Endokarditiden (E.). Wie das Wort „abakteriell" schon zu erkennen gibt sind das E., bei denen sich am Ort der Infektion keine Bakterien nachweisen lassen. Diese lassen sich auf Antigen-Antikörper-Reaktionen zurückführen (z.B. E. rheumatica). (Herold, 2016, S.158) Zum anderen gibt es die infektiösen E. Bei dieser Form handelt es sich um eine mikrobiell, meist durch Bakterien, verursachte E. Diese kann hoch akut verlaufen, die sog. E. acuta, aber auch schleichend, die sog. E. lenta. (Horstkotte & Piper, 2008, S.34) Auch eine Mischform der beiden letztgenannten E. ist möglich. Das heißt, dass sich z.B. eine infektiöse E. auf dem Boden einer abakteriellen E. entwickelt. (Herold, 2016, S.158-160)

4 Epidemiologische Daten der infektiösen Endokarditis

„Das epidemiologische Profil der infektiösen Endokarditis hat sich in den vergangenen Jahren substanziell geändert, [...]" (Andres, Gutberlet & Lehmkuhl, 2013, S. 373) Wobei es sich früher um eine Erkrankung der jungen Menschen handelte, hat sich der Altersgipfel in den letzten Jahrzenten in die 6. und 7. Lebensdekade verschoben. Die Inzidenz beträgt etwa 3 Fällen pro 100.000 Personen in Westeuropa und zwischen 1,5 bis 11,6 Fällen pro 100.000 Personen international. Dabei beträgt das Geschlechterverhältnis männlich : weiblich 2 : 1. (Andres et al., 2013, S. 373; Maisch et al., 2007, S. 262)

Trotz intensiver Recherche war die Suche auf aktuelle Angaben zur Prävalenz erfolglos. Die Recherchen ergaben die „aktuellsten" Ergebnisse aus dem Jahr 1995. Da man diese Ergebnisse in Anbetracht des Jahrgangs nicht mehr verwerten kann, bleibt die Angabe zur Prävalenz in dieser Arbeit offen.

Obwohl sich in den letzten Jahren enorme diagnostische und therapeutische Fortschritte feststellen lassen, verursacht die IE eine Letalität von 20%. Die Mortalität in einem Zeitraum von einem Jahr beträgt 20-25%. Die 10-jahres-Mortalität beträgt 50%. (Plicht et al., 2016, S. 675; Connaughton & Rivett, 2011, S. 727)

5 Ätiologie der infektiösen Endokarditis

Grundsätzlich können alle Krankheitserreger eine infektiöse E. auslösen. Egal ob bakterielle, virale oder mykotische Erreger. Allerdings wird sie zu 80% durch grampositive Erreger ausgelöst. Eine E. durch gramnegative Erreger, Viren oder Pilze ist daher eher selten (weniger als 10%). Bei 10% der Endokarditisfällen gelingt es nicht, den Erreger zu isolieren respektive nachzuweisen. (Herold, 2016, S. 158; Oßwald & Ritsert, 2008, S. 271)

Wie man bei genauer Literaturrecherche herausfindet, hat sich die Ätiologie bezogen auf die auslösenden Erreger einer E., in den letzten Jahren deutlich verändert. Wie man in dem Kapitel von Oßwald und Ritsert (2008, S. 271) lesen kann, waren es im Jahr 2007 zu 40-50% die Streptokokken und nur zu 35% die Staphylokokken, die eine E. ausgelöst haben. In den letzten Jahren ist die Häufigkeit der Streptokokkenendokarditis jedoch rückläufig (auf etwa 30%) und die E. durch Staphylokokken nahm auf etwa 45-65% zu. Die durch Pilze oder andere seltene Erreger (Chlamydien, Mykoplasmen, o.a.) ausgelöste E liegt zwar nur bei 1%, trotzdem nahm sie insbesondere durch, eventuell unsachgemäßer, Verwendung prothetischer Materialien, wie z.B. Venenkatheter oder Schrittmacher(-sonden), in den letzten Jahren immer mehr zu. (Herold, 2016, S.158-159)

Zum Abschluss dieses Kapitels noch ein paar Beispiele zu verschiedenen speziellen grampositiven und gramnegativen Erregern. Bei einer E. nach einer Valvuloplastie ist z.B. der Enterococcus faecalis zu erwarten. Aber auch methicillinsensible Staphylococcus-aureus-Stämme oder Streptokokken-Spezies können Auslöser sein. Bei einer E. nach Klappenersatz sind meist methicillinresistente Staphylococcus-aureus-Stämme, koagulase-negative Staphylokokken oder gramnegative Erreger nachweisbar. Typisch für eine E. lenta ist der Streptococcus viridans. (Herold, 2016, S. 159-160)

6 Pathogenese der infektiösen Endokarditis

Es gibt einige Faktoren, die die Entstehung einer infektiösen E. begünstigen, sog. prädisponierende Faktoren. Leidet das Endokard z.B. schon an einem Endothelschaden, so ist das Herzen schon vorgeschädigt und Erreger können sich leichter absiedeln. Auch die immer weiter zunehmende Virulenz der jeweiligen Erreger spielt eine entscheidende Rolle. Wie auch bei anderen Erkrankungen ist ein geschwächtes Immunsystem, durch z.B. Diabetes mellitus oder einem hohen Lebensalter, ebenfalls prädisponierend. Wie schon in der Definition erwähnt, ist die E. valvularis die am häufigsten auftretende E. Dabei befällt der Erreger meist eine schon defekte Herzklappe, egal ob dieser Defekt kongenital oder erworben ist. Besonders das Barlow-Syndrom, besser bekannt als der Mitralklappenprolaps, und arteriosklerotische Veränderungen der Aorta spielen eine zunehmende Rolle. Auch intravenöser Drogenabusus ist ein solcher begünstigende Faktor, da, wie auch schon im Kapitel vorher bei prothetischen Materialien erwähnt, durch unsachgemäßes Punktieren der Vene pathogene Keime in die Blutbahn gelangen können und somit eine E. hervorrufen kann. (Herold, 2016, S. 159; Oßwald & Ritsert, 2008, S. 271)

Die Erregerabsiedlung erfolgt durch eine Bakteriämie. Solche Bakteriämien laufen häufig in unserem Körper ab, z.B. während man an einer Infektionskrankheit leidet, nach einer Tonsillektomie oder anderen kleinen Eingriffen oder auch während des Zahnreinigens. Solch eine Bakteriämie wird auch Transitorische Bakteriämie genannt, da die Bakterien nur für wenige Minuten im Blut zirkuliert werden. Bei einem starken Immunsystem und intaktem Endokard werden die Bakterien durch die normale Bakterizidie des Serums schnell unschädlich gemacht. Zeigt das Endokard allerdings Läsionen oder ähnliches auf, sog. Endothelalterationen, kommt es zur Ansammlung von Plättchen-Fibrin-Thromben und diese stellen einen idealen Absiedelungsort für Erreger dar. Die Erreger siedeln sich also am Endothel ab und verursachen somit eine infektiöse E. (Herold, 2016, S.159)

7 Klinisches Bild der infektiösen Endokarditis

Wie schon in der Definition erwähnt, gibt es zwei Formen der infektiösen E.: die E. acuta und die E. lenta. Die Klinik ist bei beiden Formen übereinstimmend, wobei die E. lenta einen schleichenden Krankheitsbeginn mit Leistungsknick und einen weniger eindrucksvollen Verlauf (oft über Monate) aufweist, während die E. acuta aufgrund einer hohen Erregervirulenz ein rasch progredientes Krankheitsbild zeigt. (Herold, 2016, S. 160; Tauchnitz, 2009, S. 788)

Bei 90% der Endokarditisfällen kommt es zur Pyrexie. Die Ausprägung der Pyrexie unterscheidet sich bei der E. lenta und der E. acuta. Im Vergleich zur E. lenta, welche eine Pyrexie bis zu 39°C auslösen kann, kommt es bei der E. acuta zu Temperaturen über 39°C bis hin zur Hyperpyrexie. (Herold, 2016, S. 159; Oßwald & Ritsert, 2008, S. 272) Wie der Verfasser dieser Hausarbeit durch ein Gespräch mit einer Assistenzärztin des St. Georg Klinikum Eisenach erfahren hat, handelt es sich dabei um ein kontinuierliches Fieber. Die Temperatur bleibt dabei über mehrere Tage (durchschnittlich 5 Tage) gleich hoch. Es treten an diesen Tagen maximal Temperaturschwankungen um 1°C auf. (Asmussen-Clausen et al., 2011, S. 339) Begleitet wird die Pyrexie, bei der E. acuta, von unwillkürlichem Muskelzittern, besser bekannt als Schüttelfrost, und einer ausgeprägten Tachykardie. Bei der E. lenta kann es zu einem solchen Muskelzittern kommen, muss es aber nicht. Wie auch bei der E. acuta ist die Tachykardie als Begleitsymptom der Pyrexie bei der E. lenta ausgeprägt. (Herold, 2016, S. 159)

Zum klinischen Bild der IE gehören des weiteren kardiale Symptome. Wie schon vorher erwähnt, befällt der Erreger der IE meist eine schon defekte Herzklappe. Da es sich bei den Klappenvitien, welche eine IE prädisponieren, meist um Klappeninsuffizienzen handelt, entstehen pathologische Herzgeräusche. Auf diese Herzgeräusche wird in einem noch kommenden Kapitel näher eingegangen. (Herold, 2016, S. 154-159) Bei einer infektiösen E. kann es auch zu Symptomen einer Links- bzw. Rechtsherzinsuffizienz kommen. Das Kardinalsymptom der Linksherzinsuffizienz ist Dyspnoe. Anfangs tritt sie als Belastungsdyspnoe auf, im weiteren Verlauf prägt sie sich zur Ruhedyspnoe, auch genannt Sprechdyspnoe, aus. Dabei nimmt der Betroffene auch die Atemhilfsmuskulatur zum Einsatz, es kommt also zur sog. Orthopnoe. (Oßwald & Ritsert, 2008, S. 221-222, S. 272) Auch charakteristisch für die Linksherzinsuffizienz sind der nächtliche Husten und die Zyanose. Bei der Rechtsherzinsuffizienz kommt es häufig zu Ödemen der abhängigen Körperpartien, wie z.B. der Unterschenkel und besonders der Füße. Für beide Herzinsuffizienzen sind die Nykturie und die Pleuraergüsse signifikant. (Hagemann; Herold, 2016, S. 214)

Bei 30% der Fälle kommt es zu stecknadelkopfgroßen punktförmigen Hauteinblutungen, sog. Petechien. Die folgende Abbildung zeigt solche Petechien auf der Fußsohle. Auch Splinter-Hämorrhagien (Einblutungen unter dem Nagelbett) und Janeway-Läsionen (Hämorrhagien der Handflächen respektive Fußsohlen) können als klassisches Symptom einer E. auftreten. Weiter zu kutanen Symptomen gehören die Osler-Knoten (subkutane, hämorrhagische und schmerzhafte Knötchen), welche besonders an Fingern und Zehen ausgebildet sind. (Herold, 2016, S. 159; Westphal, Plicht & Naber, 2009, S. 483)

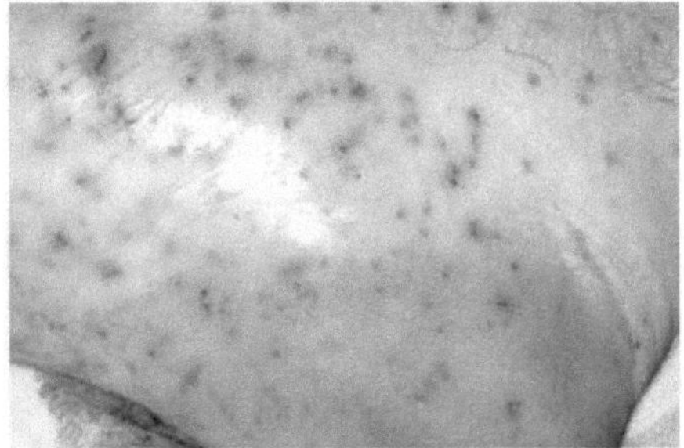

Abbildung 1: Flohstichartige Petechien auf der Fußsohle. (Sepp, N., 2011)

Es gibt noch einige andere Symptome die zum klinischen Bild der E. gehören. Die allgemeinen Symptome, wie z.B. Schwäche, Inappetenz, Gewichtsverlust, Arthralgien und Hyperhidrose dürfen dabei nicht in den Hintergrund gerückt werden. Auch eine Nierenbeteiligung kann zum klinischen Bild der E. gehören. Diese äußert sich mit einer Mikrohämaturie und einer Proteinurie bei einer Gesamteiweißausscheidung von über 150 mg/Tag. Die nach dem deutschen Pathologen Max Löhlein benannte, Löhlein-Herdnephritis kann dabei auch als Symptom der E. auftreten. Weiterhin kann es zu Retinablutungen, sog. Roth´s spots, und zur Splenomegalie kommen. (Hagemann; Herold, 2016, S. 159)

8 Diagnoseverfahren der infektiösen Endokarditis

Eine sichere IE zu diagnostizieren ist kein einfaches Verfahren. Da die Symptomatik hoch variabel und in der Regel nicht wegweisend ist, kommt es häufig zur verzögerten Diagnosestellung und somit zu einer hohen Mortalität. Bei Patienten mit Klappenprothesen oder intrakardial implantiertem Fremdmaterial, sowie negativen Blutkulturen kann die Diagnosestellung zusätzlich erschwerter sein. Daher sind 2 diagnostische Grundregeln zu beachten:

- Trotz niedriger Prävalenz ist eine IE bei Patienten mit Fieber zweifelhafter Ätiologie, Septikämie, Klappeninsuffizienzgeräuschen oder hoher Prädisposition für eine IE und evtl. vorausgegangenen Bakteriämien differenzialdiagnostisch stets zu erwägen.
- Bei jeder vermuteten IE ist unverzüglich eine Echokardiographie durch einen erfahrenen Untersucher durchzuführen. (Horstkotte & Piper, 2007, S. 34)

Dem vorangegangenen Zitat ist hinzuzufügen, dass es sich bei der genannten Echokardiografie sowohl um eine transthorakale Echokardiografie (TTE), also auch um eine transösophageale Echokardiografie (TEE) handelt. (Horstkotte & Piper, 2007, S. 34)

Die Eckpfeiler der Endokarditisdiagnostik sind die Echokardiografien zum Nachweis der Beteiligung des Endokards am Infektionsprozess und die Mikrobiologie, also die Blutkulturen, zum Nachweis einer Bakteriämie. (Buerke et al., 2016, S. 12; Horstkotte & Piper, 2007, S. 34)

8.1 Anamnese, klinischer Befund und Laborparameter

Eine Anamnese gehört zu jedem Diagnoseverfahren. Bei der IE ist vor allem die Abklärung folgender Aspekte zielführend: die Symptomatik, mögliche Prädispositionen und mögliche Bakteriämieauslöser. (Horstkotte & Piper, 2007, S. 34-36)

Bei dem Aspekt Symptomatik ist es nicht nur wichtig zu erfragen welche Symptome der Betroffene hat, sondern auch wann diese begonnen haben. Da die Symptomatik aber, wie oben schon erwähnt, sehr variabel ausfällt, ist es wichtig auch die Anamnese der anderen Aspekte durchzuführen. Der zweite Aspekt, die möglichen Prädispositionen, können in allgemeine patientenseitige und spezielle kardiale Prädispositionen eingeteilt werden. Zu den erstgenannten zählen z.B. Diabetes mellitus, immunsuppressive Therapien und Immundefekte, sowie intravenöser Drogenabusus. Unter den speziellen kardialen Prädispositionen fallen z.B. schon vorbestehende Endothelalterationen, Klappenvitien und der Zustand nach einer Herzoperation. Besonders bei Blutkultur-negativen IE, dazu später mehr, ist die sorgfältige Anamnese der Prädispositionen von großer Bedeutung. Beim letzten, aber ebenso wichtigen Aspekt wird geklärt, ob es eventuell einen Auslöser für eine Bakteriämie gibt. Zu diesen Auslösern gehören z.B. einfache zahnärztliche Eingriffe, wie eine Zahnreinigung, aber auch umfangreiche Zahnoperationen und andere diagnostische oder therapeutische Interventionen. Auch Verletzungen, wie z.B. Schnitt- oder Stichverletzungen können als Bakteriämieauslöser fungieren. (Horstkotte & Piper, 2007, S. 34-40)

Ein weiterer Bestandteil des Diagnoseverfahrens ist die Befunderhebung. Dabei werden medizinisch relevante körperliche, aber auch psychische Erscheinungen bzw. Veränderungen durch Untersuchung erhoben. Die möglichen Erscheinungen bzw. Veränderungen bei der IE wurden bereits im Kapitel 6 ausreichend erläutert. Ausstehend ist noch die Beschreibung der Herzgeräusche. Es handelt sich bei den Klappenvitien, welche eine IE begünstigen, meist um Klappeninsuffizienzen. Daher entstehen folgende Herzgeräusche: beim Befall der Aortenklappe ist ein Diastolikum mit punctum maximum über der Aortenklappe auskultierbar. Das bedeutet, dass das Diastolikum über der Aortenklappe am lautesten ist. Der Befall der Mitralklappe zeigt bei der Auskultation ein Systolikum mit punctum maximum über der Mitralklappe. Abhängig von der Lokalisation der E. sind auch andere Herzgeräusche möglich. Da es bei 90% der Fälle zur Pyrexie kommt, kann es zusätzlich noch zu sog. funktionellen Herzgeräuschen kommen, welche als Systolikum auftreten. (Herold, 2016, S. 154-159)

Auch die laborchemische Untersuchung gehört mit zu dem Diagnoseverfahren. Dabei ist die Blutkultur als Hilfe zum Erregernachweis von großer Bedeutung. Dazu aber später erst mehr. Bei 80% der Fälle zeigt sich eine Anämie, mit einer Hämoglobinkonzentration von unter 12 g/dl (Referenzbereich: 12-17 g/dl, abhängig von männlich oder weiblich), unter Begleitung einer Leukozytose mit über 10.000 Leukozyten pro Mikroliter mit Linksverschiebung. Das Auftreten von Entzündungszeichen zeigt sich laborchemisch wie folgt: Das C-reative Protein erhöht sich auf teilweise über 200 mg/l (Referenzbereich: unter 5mg/l) Die Erhöhung der Blutkörpersenkungsgeschwindigkeit auf über 30 mm/h (Referenzbereich: weiblich bis 20mm/h, männlich bis 15mm/h) ist ein weiteres Zeichen einer IE. Das sog. Procalcitonin ist dem C-reativen Protein hinsichtlich der Verlaufsbeobachtung wahrscheinlich überlegen. Dieses kann bei einer schweren Entzündungsreaktion auf 2-10 ng/ml und bei einer ausgeprägten systemischen Entzündungsreaktion auf über 10 ng/ml ansteigen (Referenzbereich: unter 0,5 ng/ml). (Hagemann; Herold, 2016, S. 972-979; Plicht, Naber & Erbel, 2008, S.1220)

8.2 Echokardiografie und andere bildgebende Verfahren

Insbesondere die Echokardiografie spielt beim Diagnoseverfahren eine wichtige Rolle, da sie sowohl zur Diagnosestellung als auch zur Behandlungsstrategie der IE beiträgt. Außerdem ist sie für die prognostische Einschätzung von IE-Patient und für die Verlaufsbeobachtung während und nach der Herzchirurgie äußerst hilfreich. (Buerke et al., 2016, S. 12) Schon allein bei einem klinisch begründetem Verdacht ist eine rasche Durchführung einer Echokardiografie zwingend erforderlich. Vorerst kommt die TTE zum Einsatz. Da die TEE auf Grund der exzellenten Spezifität und Sensitivität der TTE, mit Ausnahme der rechtsseitigen Infektion, überlegen ist, folgt in nahezu allen Fällen eine TEE. Solch eine TEE sollte insbesondere bei schlechter TTE-Bildqualität, bei einem positiven TTE-Befund (auffällige Strukturen) und bei Patienten mit prothetischem Klappenersatz durchgeführt werden. (Plicht et al., 2010, S.990) In der folgenden Abbildung ist die Indikation für echokardiografische Verfahren bei klinischem Verdacht auf eine IE gut schematisch dargestellt.

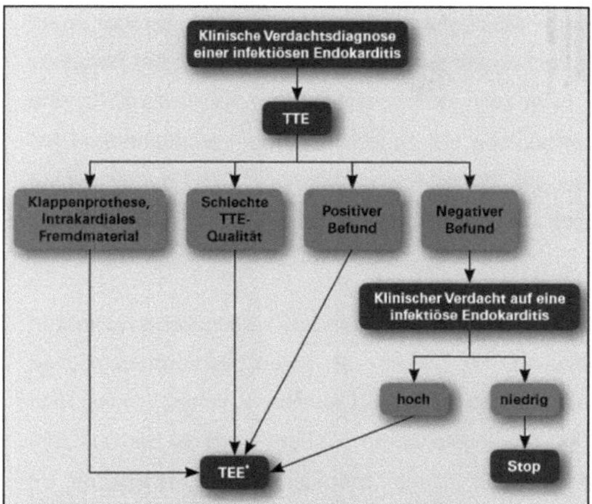

Abbildung 2: Indikationen für echokardiografische Verfahren bei klinischem Verdacht auf IE. (Buerke et al., 2016, S. 13)

Es gibt drei echokardiografische Hauptzeichen der IE: Vegetation, (Herz-)Abszess und eine neue Dehiszenz einer Klappenprothese. Unter einer Vegetation versteht man die „Infizierte Masse, die an einer endokardialen Struktur oder an intrakardial implantiertem Material anhaftet." (Buerke et al., 2016, S. 15) Solch eine Vegetation zeigt sich echokardiografisch wie folgt: „Oszillierende oder nicht-oszillierende intrakardiale Masse auf einer Klappe oder anderen endokardialen Struktur [sic!] oder auf intrakardial implantiertem Material." (Buerke et al., 2016, S. 15) Das zweite Hauptzeichen, der Abszess, ist ein „Perivalvulärer Hohlraum mit Nekrosen und eitrigem Material, der mit dem kardiovaskulären Lumen nicht in Verbindung steht." (Buerke et al., 2016, S. 15) Dieser zeigt sich echokardiografisch wie folgt: „Verdickter inhomogener paravaluvärer [sic!] Bereich, der echodicht [helles Erscheinungsbild] oder echoarm [dunkles Erscheinungsbild] erscheint." (Buerke et al., 2016, S. 15) Das letzte, aber ebenso bedeutsame Zeichen ist die Dehiszenz, also das Auseinanderweichen der Klappenprothese. Diese zeigt sich in der Echokardiografie durch eine paravalvuläre Insuffizienz mit oder ohne Schaukelbewegungen der Prothese. (Buerke et al., 2016, S. 15) Die Echokardiografie dient nicht nur dem Nachweis verdächtiger Zusatzstrukturen o.Ä., es kann außerdem der Schweregrad der durch die IE entstandenen Vitien ermittelt werden. Auch eventuelle Komplikationen wie z.B. Sehnenfadenrupturen oder eine septische Kardiomyopathie können dabei diagnostiziert werden. (Plicht et al., 2010, S. 990) Ist nun eine aktive E. diagnostiziert, ist nach den neuen Leitlinien der European Society of Cardiology (ESC) eine echokardiografische Verlaufskontrolle sinnvoll, um vor allem Komplikationen zu detektieren und die Vegetationsgröße zu überwachen. Wann und durch welche Modalität (TTE oder TEE) die Wiederholungsuntersuchung geschehen soll ist abhängig von dem Initialbefund, dem auslösenden Erreger, dem Befinden des Patienten und dem Ansprechen auf die Therapie. Da ein einzelner negativer echokardiografischer Befund eine IE nicht zwingend ausschließt empfiehlt die ESC eine erneute TTE/TEE- Untersuchung innerhalb von 5-7 Tagen. Außerdem empfiehlt die ESC eine Untersuchungswiederholung sobald neue Komplikationen, z.B. durch erneut anhaltendes Fieber oder neuauftretende Herzgeräusche, vermutet werden. (Buerke et al., 2016, S. 14)

Bei der Beurteilung von IE-Patienten sollten auch andere Bildgebungsverfahren einbezogen werden. Die CT respektive die MRT kann z.B. einen bildmorphologischen Nachweis einer peripheren Embolisation hervorbringen. Die Mehrschicht-CT oder auch genannt Multislice-CT kann nicht nur Abszesse detektieren, sie kann auch die perivalvuläre Ausbreitung einer Infektion mit Konsequenzen für die Operationsplanung festhalten. Im letztgenannten Punkt ist die Multislice-CT der TEE überlegen. (Plicht, Lind & Erbel, 2016, S. 680) „Von besonderer Bedeutung sind die Entwicklungen im Bereich der Nuklearmedizin: Mit radioaktiv markierten Leukozyten in der „single photon emission computed tomography“ (SPECT)/ CT oder der F-Fluordesoxyglukose-Positronenemissionstomographie (F-FDG-PET) / CT, also jeweils fusioniert mit konventionellen CT-Aufnahmen, lassen sich inflammatorische Herde intra- oder extrakardial detektieren.“ (Plicht et al., 2016, S. 680) Durch solche diagnostischen Verfahren kann insbesondere bei Klappenprothesen-endokarditis die diagnostische Sensitivität gesteigert werden. (Plicht et al., 2016, S. 680)

8.3 Mikrobiologie

Die Echokardiografie reicht alleine zur Diagnose einer IE nicht aus, da sie nur morphologische Informationen liefert. Entscheidend für die Diagnosestellung ist die gemeinsame Beurteilung echokardiografischer, klinischer und mikrobiologischer Parameter. Grundlage der Mikrobiologie zur Diagnose einer IE ist der Erregernachweis. Dieser Erregernachweis erfolgt durch die Abnahme von Blutkulturen. Da eine korrekte Abnahme der Blutkulturen von hoher Bedeutung ist, gibt es folgende Regeln zur Blutentnahme:

- Streng sterile Bedingungen
- Unabhängige Abnahme von mindestens 3 Blutkultursets (aerob und anaerob) innerhalb 2 Stunden
- Blutentnahme unabhängig vom (Körper-)Temperaturverlauf (kontinuierliche Bakteriämie)
- Blutentnahme durch Kubitalvene !!nicht aus Venenverweilkatheter o.Ä.!!
- Abnahme von je 5-10ml Blut für aerobe und anaerobe Blutkulturflasche

- Vor Beimpfung des Kulturmediums muss Kanüle gewechselt werden
- Aufbewahrung bei Raumtemperatur, keinesfalls kühl lagern
- Transport der Blutkulturflasche ins Labor innerhalb von 2 Stunden
- Hinweis der Verdachtsdiagnose „IE“ an das Labor (für die Gewährleistung einer verlängerten Bebrütungszeit)

Bei etwa 85% der IE-Patienten sind die Blutkulturen positiv. Aus therapeutischen Gründen sollte die Blutkulturabnahme 48-72 Stunden nach Identifikation des Mikroorganismus wiederholt werden. Sind die Blutkulturen persistierend positiv, so sind diese in Bezug auf die Letalität prognostisch ungünstig. (Buerke et al., 2016, S. 15; Herold, 2016, S. 160; Plicht et al., 2010, S. 989-990; Plicht et al., 2016, S.678)

In 10% der IE-Fälle sind die Blutkulturen negativ. Dies wird in etwa 50% der Fälle durch eine schon vorangegangene Antibiotikatherapie verursacht. Dabei ist es wichtig die bestehende Therapie vor einer erneuten Abnahme der Blutkulturen abzusetzen. Intrazelluläre oder schwer anzuzüchtende Mikroorganismen können eine weitere Ursache für negative Blutkulturen sein (bei etwa 15-30% der Fälle), da deren Diagnose auf serologischen, molekularbiologischen und histopathologischen Techniken beruht. Die ESC empfiehlt in einem Fall der Blutkultur-negativen E. die Hinzuziehung eines Mikrobiologen. Dieser ist darauf spezialisiert serologische Tests auf schwer anzüchtbare Bakterien und andere Erreger wie z.B. Aspergillus spp. oder Bartonella spp. durchzuführen. (Plicht et al., 2010, S. 990; Plicht et al., 2016, S. 678)

8.4 Duke-Kriterien

Zur Optimierung des Diagnoseverfahrens und zur Objektivierung der sehr variablen Symptomatik wurden 1994 durch Durack et al. die sog. Duke-Kriterien vorgestellt. Erstmalig wurde dabei die Echokardiografie als morphologisches Kriterium in die Diagnosestellung einbezogen. Dies führte bei annähernd gleicher Spezifität zu einer signifikanten Verbesserung der Sensitivität gegenüber früheren Diagnosekriterien. Zu den Hauptkriterien gehören die positiven Blutkulturen mit endokarditisauslösenden Mikroorganismen und der Nachweis der Endokardbeteiligung mittels Echokardiografie. Nebenkriterien sind z.B. Prädispositionen, Pyrexie über 38°C oder vaskuläre Befund wie z.B. Janeway-Läsionen. Die Wahrscheinlichkeit für das Vorliegen einer IE wird bei diesen Kriterien in „definitiv“, „möglich“ und „ausgeschlossen“ eingeteilt. „Definitiv“ liegt eine IE vor, wenn 2 Hauptkriterien ODER 1 Hauptkriterium und 3 Nebenkriterien ODER 5 Nebenkriterien vorliegen. Eine IE liegt „möglich“ vor, wenn die Befunde die Kriterien nicht vollständig erfüllen, aber auch die Ausschlusskriterien nicht erfüllt sind. Und eine IE als „ausgeschlossen“ gilt, wenn eine andere Diagnose gesichert ist ODER, wenn die Manifestationen unter einer

Antibiotikatherapie von weniger als 4 Tagen rückläufig sind ODER, wenn kein Erregernachweis im Operationspräparat nach Antibiotikatherapie von weniger als 4 Tagen nachweisbar ist. In den letzten Jahren wurden verschiedene Modifikationen der Duke-Kriterien eingeführt. Die folgende Abbildung zeigt die von der ESC im Jahr 2015 modifizierten Kriterien und trägt zum besseren Verständnis der Duke-Kriterien bei. (Herold, 2016, S. 160; Plicht et al., 2008, S. 1222-1223; Salzberger, 2009, S. 4)

Hauptkriterien
1. Blutkulturen positiv für eine IE a. Endokarditis-typische Mikroorganismen in 2 unabhängigen Blutkulturen: › Viridans-Streptokokken, *Streptococcus gallolyticus (S. bovis)*, HACEK-Gruppe, *Staphylococcus aureus*; oder › ambulant erworbene Enterokokken, ohne Nachweis eines primären Fokus; oder b. Mikroorganismen vereinbar mit einer IE in anhaltend positiven Blutkulturen: › Mindestens zwei positive Kulturen aus Blutentnahmen mit mindestens 12 Stunden Abstand; oder › Jede von drei oder eine Mehrzahl von ≥ 4 unabhängigen Blutkulturen (erste und letzte Probe in mindestens einer Stunde Abstand entnommen); oder c. Eine einzelne positive Blutkultur mit *Coxiella burnetii* oder Phase-I-IgG-Antikörper-Titer > 1:800
2. Bildgebung positiv für eine IE a. Echokardiogramm positiv für IE: › Vegetation › Abszess, Pseudoaneurysma, intrakardiale Fistel › Klappenperforation oder Aneurysma › neue partielle Dehiszenz einer Klappenprothese **b. Abnorme Aktivität in der Umgebung der implantierten Klappenprothese nachgewiesen im ^{18}F-FDG-PET/CT (nur wenn die Prothese vor mehr als 3 Monaten implantiert wurde) oder im SPECT/CT mit radioaktiv markierten Leukozyten** **c. Im Herz-CT definitiv nachgewiesene paravalvuläre Läsionen**
Nebenkriterien
1. Prädisposition: Prädisponierende Herzerkrankung oder intravenöser Drogenabusus
2. Fieber: Körpertemperatur > 38°C
3. Vaskuläre Phänomene **(einschließlich solcher, die nur in der Bildgebung detektiert wurden)**: schwere arterielle Embolien, septische Lungeninfarkte, mykotisches Aneurysma, intrakranielle Blutungen, konjunktivale Einblutungen, Janeway-Läsionen
4. Immunologische Phänomene: Glomerulonephritis, Osler-Knoten, Roth-Spots, Rheumafaktoren
5. Mikrobiologischer Nachweis: Positive Blutkulturen, die nicht einem Hauptkriterium (s. o.) entsprechen, oder serologischer Nachweis einer aktiven Infektion mit einem mit IE zu vereinbarenden Organismus

Abbildung 3: Definition der in den ESC 2015-modifizierten Kriterien zur Diagnose der IE benutzten Begriffe (Modifizierung in Fettdruck). HACEK = Haemophilus parainfluenzae, H. aphrophilus, H. paraphrophilus, H. influenzae, Actinobacillus actinomycetemcomitans, Cardiobacterium hominis, Eikenella corrodens, Kingella kingae und K. denitrificans (Buerke et al., 2016, S. 19)

9 Therapiemöglichkeiten

Bei der Entscheidung welche Therapie eingesetzt wird, sollte eine interdisziplinäre Abstimmung unter Kardiologen, Herzchirurgen und Mikrobiologen erfolgen. Ob eine alleinige antimikrobielle Sanierung ausreicht oder ob eine chirurgische Therapie eventuell erforderlich ist, sollte schon zu Beginn der Therapie abgeschätzt werden. Kommt die chirurgische Therapie in Frage, sollte der Betroffene rechtzeitig in ein Referenzzentrum verlegt werden. Solch eine chirurgische Therapie ist bei ca. 50% der Fälle notwendig. Grundsätzlich gilt, dass die behandelnden Ärzte auch ohne positive Blutkulturen bei klinischer Verdachtsdiagnose verpflichtet sind eine Therapie einzuleiten. (Buerke et al., 2016, S. 23; Herold, 2016, S. 161; Horstkotte & Piper, 2007, S. 38)

9.1 Antimikrobielle Therapie

Entscheidend für den Verlauf der Erkrankung ist die frühzeitige Einleitung einer antimikrobiellen Therapie, die das zu erwartende Erregerspektrum abdeckt. Nach der Bestimmung des Erregers kann sie dann auf eine erreger- und resistenzgerechte Therapie umgestellt werden. Solch eine Therapie erfolgt grundsätzlich unter stationären Bedingungen mittels intravenöser Gabe bakterizider Antibiotika. Die Behandlungsdauer und die Wahl welche Antibiotika verabreicht werden sind abhängig davon, ob eine Klappenprothese oder eine Nativklappe befallen ist und von welchem Erreger sie befallen ist. Sie beläuft sich auf mindestens 6 Wochen bei einer Klappenprotheseninfektion und auf 2-6 Wochen bei einer Nativklappeninfektion. (Buerke et al., 2016, S. 23; Plicht et al., 2010, S. 992; Plicht et al., 2016, S. 684)

Bei einer Nativklappenendokarditis empfiehlt die ESC eine kombinierte intravenöse Initialtherapie aus Ampicillin (12g/Tag in 4-6 Einzeldosen (ED)), Flucloxacillin (12g/Tag in 4-6 ED) und Gentamicin (3mg/kg-Körpergewicht/Tag in 1 Dosis) über 4-6 Wochen. Auch bei einer spätauftretenden Klappenprothesenendokarditis, das beutete ab respektive über 12 Monate postoperativ, wird diese Initialtherapie empfohlen. Bei einer frühen Klappen-prothesenendokarditis (weniger als 12 Monate postoperativ) wird eine kombinierte Initialtherapie aus Vancomycin (30mg/kg-Körpergewicht/Tag in 2 ED) über mindestens 6 Wochen, Gentamicin (3mg/kg-Körpergewicht/Tag in 1 Dosis) über 2 Wochen und Rifampicin (900 (-1200) mg/Tag) auch über mindestens 6 Wochen empfohlen. Rifampicin kann dabei auch oral in 2 oder 3 ED verabreicht werden. Bei der Gabe von Vancomycin und Gentamicin ist es wichtig den Talspiegel im Serum zu messen und die Therapie auf diesen anzupassen. (Buerke et al., 2016, S. 27)

Ist nun der Erreger der IE bestimmt, kann die Therapie erreger- und resistenzgerecht umgestellt werden. Das sog. Antibiogramm kann bei der Auswahl der Antibiotika hilfreich sein, da es Informationen darüber gibt, gegenüber welche Antibiotika der Erreger resistent respektive sensibel ist. Es gibt verschiedenste Kombinationsmöglichkeiten für eine Antibiotika-therapie, die abhängig von den oben genannten Faktoren sind. Im Hinblick auf den begrenzten Umfang dieser Hausarbeit, werden diese Kombinationsmöglichkeiten im Anhang B, Anhang C und Anhang D dargestellt. Damit die Effektivität der Therapie überprüft werden kann, sollte 48-72 Stunden nach Identifikation des Mikroorganismus wiederholt Blutkulturen abgenommen werden. (Plicht et al., 2016, S. 678, 684)

Nicht zu vergessen ist auch die Therapie der Blutkultur-negativen IE. Diese sollte bei einer Infektion nativer kardialer Strukturen eine Kombinationstherapie aus Vancomycin (30mg/kg-Körpergewicht/Tag in 2 ED) über 4-6 Wochen und Gentamicin (3mg/kg-Körpergewicht/Tag in 1 Dosis) über 2 Wochen beinhalten. Bei mutmaßlicher Beteiligung von Polymermaterial sollte eine Dreifachkombination aus Vancomycin (30mg/kg-Körpergewicht/Tag in 2 ED) und Rifampicin (900 (-1200) mg/Tag) über 4-6 Wochen und Gentamicin (3mg/kg-Körpergewicht/Tag in 1 Dosis) über 2 Wochen erfolgen. (Horstkotte & Piper, 2007, S. 40)

Generell sollte nach Abschluss der Antibiotikatherapie eine erneute TTE durchgeführt werden, um die Morphologie und Funktion des Herzens und der Herzklappen zu beurteilen. (Buerke et al., 2016, S 14)

9.2 Chirurgische Therapie

Wie schon im vorangegangenen Kapitel erwähnt, sollte auch eine chirurgische Therapie in Erwägung gezogen werden. Bei bis zu 50% der Fälle ist eine chirurgische Sanierung notwendig. Die „International Collaboration on Endokarditis“ empfiehlt folgende Indikationen zur chirurgischen Therapie:

- Akute Aortenklappen-oder Mitralklappeninsuffizienz mit Lungenödem
- Perivalvulärer Abszess, Fistelbildung
- IE durch schwer therapierbare Erreger (z.B. MRSA, Pilze)
- Schwere Sepsis über 48 Stunden
- Persistierende Pyrexie trotz Antibiotikatherapie über 5-10 Tage
- Rezidivierende Embolien nach adäquater Antibiotikatherapie
- Frische Vegetationen über 10 mm an der Mitralklappe
- Vergrößerung der Vegetation/ Ausbreitung auf weitere Nativklappen
- Akute zerebrale Embolien (nach Ausschluss einer Hirnblutung)
- Prothesenendokarditis durch penizillinresistente Erreger

Das wichtigste Ziel der chirurgischen Therapie ist die restlose Entfernung des infizierten Materials. Eine antimikrobielle Therapie über 4-6 Wochen ist postoperativ fortzusetzen. Sind die laborchemischen Entzündungszeichen nach Abschluss der Therapie im Referenzbereich ist eine weitere orale Antibiotikatherapie nicht erforderlich. Um ein Rezidiv frühzeitig zu erkennen, ist eine Wiederholung der Blutkulturentnahme nach 4-8 Wochen ratsam. (Plicht et al., 2008, S. 1223-1225)

10 Anforderungsprofil an die Pflege

Da die Behandlung der IE unter stationären Bedingungen abläuft ist nicht nur die Arbeit des Ärzteteams von Bedeutung, sondern auch die des Pflegepersonals. Wichtig für den Genesungsprozess ist vor allem die richtige Medikamentenverabreichung. Darunter zählt die Einhaltung der Dosierung und des Dosierungsintervalls. Durch die vielen verschiedenen Antibiotika kommt es häufig zu Nebenwirkungen wie z.B. Diarrhoe oder Nausea. Auch allergische Reaktionen wie Exantheme sind besonders häufig. Daher ist eine genaue Patientenbeobachtung von großer Bedeutung. Eine solche Patientenbeobachtung umfasst folgende Aspekte:

- Vitalzeichenkontrolle, besonders Temperaturkontrollen (ggf. Monitoring)
- Haut- und Schleimhautbeobachtung
- Schmerzen
- Sehstörungen o.ä.
- Körpergewicht, ggf. Ein-und Ausfuhrkontrolle

Da die IE zu 90% mit Pyrexie einhergeht, spielt auch die Pflege bei Pyrexie eine Rolle. Bei einer Pyrexie bis 39°C sollte die Körpertemperatur nicht gesenkt werden. Zwar ist das für den Betroffenen unangenehm, aber die körpereigenen Abwehrmechanismen funktionieren bei erhöhter Temperatur besser. Hohe Pyrexie und Pyrexie bei Risikopatienten müssen allerdings gesenkt werden um Komplikationen wie Fieberkrämpfe zu umgehen. Fiebersenkende Maßnahmen wären z.B. Wadenwickel oder die fiebersenkende Körperwaschung. (Asmussen-Clausen et al., 2011, S. 340-341, 688, 970)

11 Resümee

Vor meiner Ausbildung zur Gesundheits-und Krankenpflegerin war auch ich mir der Bedeutsamkeit der E. nicht im Klaren. Seit gut einem Jahr bin ich examinierte Pflegefachkraft und in der Kardiologie tätig. Aufgrund der kurzen Zeit hatte ich noch keine Möglichkeit Erfahrungen in Bezug auf die E. zu sammeln. Zwar hatte ich schon mit ein bis zwei Verdachtsfälle der IE zu tun aber wie ich nach dem Verfassen dieser Hausarbeit herausgefunden habe, reichte dieses dabei gewonnene Wissen bei Weitem nicht aus. Ich habe durch diese Arbeit an vielen Erkenntnissen gewonnen und mir neues Wissen angeeignet. Auch das Auffrischen der anatomischen Grundlagen des Herzens war hilfreich. Zusammenfassend lässt sich sagen, dass die E., wie in der Einleitung schon angenommen, wirklich eine hohe Bedeutsamkeit hat und, dass es sehr wichtig ist jedem Verdacht einer E. nachzugehen.

12 Literaturverzeichnis

Andres, C., Gutberlet, M. & Lehmkuhl, L. (2013). Präoperative CT-Bildgebung bei infektiöser Endokarditis vor dringlich indiziertem Klappenersatz. Ganzkörper-Computertomografie einschließlich Koronarbeurteilung. *RoFo:Fortschritte auf dem Gebiete der Rontgenstrahlen und der Nuklearmedizin, 185* (4), 373–375. https://doi.org/10.1055/s-0032-1330429

Bolanz, H., Oßwald, P. & Ritsert, H. (Hrsg.). (2008). *Pflege in der Kardiologie/ Kardiochirurgie*. München: Urban & Fischer.

Connaughton, M. & Rivett, J. G. (2011). Infektiöse Endokarditis. *Praxis. 100* (12), 727–730. https://doi.org/10.1024/1661-8157/a000565

Deutscher Verlag für Gesundheitsinformation. (k.D.). Das Herz. Verfügbar unter https://www.cardio-guide.com/anatomie/herz/#lage-und-aufbau-des-herzens [17.06.2017]

Hagemann, O. (k.D.). Procalcitonin. Verfügbar unter http://www.laborlexikon.de/Lexikon/Infoframe/p/Procalcitonin.htm [15.06.2017]

Hahn, H., Kaufmann, S. H. E., Schulz, T. F. & Suerbaum, S. (Hrsg.). (2009). *Medizinische Mikrobiologie und Infektiologie* (6.Auflage). Heidelberg: Springer.

Herold, G. (Hrsg.). (2016). *Innere Medizin 2016. Eine vorlesungsorientierte Darstellung unter Berücksichtigung des Gegenstandskataloges für die Ärztliche Prüfung; mit ICD 10-Schlüssel im Text und Stichwortverzeichnis*. Köln: Selbstverlag.

Horstkotte, D. & Piper, C. (2008). Diagnostik und Therapie der mikrobiell verursachten Endokarditis. *Der Internist, 49* (1), 34–42. https://doi.org/10.1007/s00108-007-1989-4

Maisch, B., Alter, P., Karatolius, K., Ruppert, V. & Pankuweit, S. (2007). Das Herz bei viralen, bakteriellen und parasitären Infektionen. *Der Internist, 48* (3), 255–267. https://doi.org/10.1007/s00108-006-1775-8

Menche, N. (Hrsg.). (2011). *Pflege heute. Lehrbuch für Pflegeberufe* (5. Auflage). München: Elsevier Urban & Fischer.

Menche, N. (Hrsg.). (2012). *Biologie, Anatomie, Physiologie. Kompaktes Lehrbuch für Pflegeberufe* (7. Auflage). München: Elsevier.

Nadja Westphal, Björn Plicht & Christoph Naber. (2009). Endokarditis - Prophylaxe, Diagnostik und Therapie. *Deutsches Ärzteblatt, 106* (28-29) 481–490. https://doi.org/10.3238/aerztebl.2009.0481

Plicht, B., Jánosi, R.-A., Buck, T. & Erbel, R. (2010). Infektiöse Endokarditis als kardiovaskulärer Notfall. *Der Internist, 51* (8), 987–994. https://doi.org/10.1007/s00108-009-2538-0

Plicht, B., Lind, A. & Erbel, R. (2016). Infektiöse Endokarditis. Neue Leitlinien 2015. *Der Internist, 57* (7), 675–690. https://doi.org/10.1007/s00108-016-0086-y

Plicht, B., Naber, C. K. & Erbel, R. (2008). Therapie und Prophylaxe der infektiösen Endokarditis. *Der Internist, 49* (10), 1219–1230. https://doi.org/10.1007/s00108-008-2205-x

Prof. Dr. Christian Tauchnitz (2009). Mikrobielle (bakterielle) Endokarditis. In H. Hahn, S. H. E. Kaufmann, T. F. Schulz & S. Suerbaum (Hrsg.), *Medizinische Mikrobiologie und Infektiologie* (6.Auflage, S. 787–791). Heidelberg: Springer.

Salzberger, B. (01.05.2009). Infektiöse Endokarditis (IE). Verfügbar unter http://www.uniklinikum-regensburg.de/imperia/md/content/kliniken-institute/innere-medizin-i/sops/infektiologie/idt-endo.pdf [15.06.2017]

Sepp, N. (20.05.2011). *Vaskulitis – vom Symptom zur Diagnose.* Verfügbar unter http://www.medmedia.at/wp-content/uploads/2012/10/abb55.jpeg [17.06.2017]

Vorstand der deutschen Gesellschaft für Kardiologie (Hrsg.). (2016). *Infektiöse Endokarditis*. Grünwald: Börm Bruckmeier.

Anhang

Anhang A

Anm. der Red.: Diese Abb. wurde aus urheberrechtlichen Gründen entfernt.

Anhang A: Anatomie des Herzens. (Deutscher Verlag für Gesundheitsinformation)

Anhang B

Behandlung einer durch orale Streptokokken und Streptococcus bovis-Gruppe verursachten IE				
Antibiotikum	**Dosierung und Gebrauch**	**Therapiedauer (Wochen)**	**Empf.-grad**	**Evidenzgrad**
Penicillinempfindliche Stämme (MHK ≤ 0,125 mg/l) orale und Verdauungstrakt-Streptokokken				
Standardbehandlung über 4 Wochen				
Penicillin G	12–18 Millionen U/Tag i.v. in 4–6 Dosen oder kontinuierlich	4	I	B
oder Ampicillin	3–4 x 2–4 g i.v.	4		
oder Ceftriaxon	2–4 g/Tag i.v. in 1–2 Dosen	4		
Standardbehandlung über 2 Wochen				
Penicillin G	12–18 Millionen U/Tag i.v. in 4–6 Dosen oder kontinuierlich	2	I	B
oder Ampicillin	3–4 x 2–4 g i.v.	2		
oder Ceftriaxon	2–4 g/Tag i.v. in 1–2 Dosen	2		
Kombiniert mit Gentamicin	3 mg/kg/Tag i.v. in 1 Dosis	2		
oder Netilmicin	4–5 mg/kg/Tag i.v. in 1 Dosis	2		
Bei Patienten mit β-Laktam-Allergie				
Vancomycin	30 mg/kg/d i.v. in 2 Dosen	4	I	C
Relative Penicillinresistenz (MHK 0,25–2 mg/l)				
Standardbehandlung				
Penicillin G	24 Millionen U/Tag in 4–6 Dosen oder kontinuierlich	4	I	B
oder Ampicillin	3–4 x 4 g i.v.	4		
oder Ceftriaxon	2–4 g/Tag i.v. in 1–2 Dosen	4		
Kombiniert mit Gentamicin	3 mg/kg/Tag i.v. in 1 Dosis	2		
Bei Patienten mit β-Laktam-Allergie				
Vancomycin	30 mg/kg/Tag i.v. in 2 Dosen	4	I	C
mit Gentamicin	3 mg/kg/Tag i.v. in 1 Dosis	2		

Anhang B: Empfehlung der ESC zur Behandlung einer durch orale Streptokokken und Streptococcus bovis-Gruppe verursachte IE. (Buerke et al., 2016, S. 24)

Anhang C

Behandlung einer durch Staphylococcus spp. verursachten IE				
Antibiotikum	**Dosierung und Gebrauch**	**Therapiedauer (Wochen)**	**Empf.-grad**	**Evidenz-grad**
Nativklappen				
Methicillin-empfindliche Staphylokokken				
Flucloxacillin	12 g/Tag i.v. in 4–6 Dosen	4–6	I	B
Patienten mit Penicillin-Allergie oder Methicillin-resistente Staphylokokken				
Vancomycin	30–60 mg/kg/Tag i.v. in 2–3 Dosen	4–6	I	B
Alternativ				
Daptomycin	10 mg/kg/Tag i.v. 1x täglich	4–6	IIa	C
Klappenprothesen				
Methicillin-empfindliche Staphylokokken				
Flucloxacillin ***mit*** Rifampicin ***und*** Gentamicin	12 g/Tag i.v. in 4–6 Dosen 900 (–1200) mg/Tag i.v. oder oral in 2 oder 3 geteilten Dosen 3 mg/kg/Tag i.v. in 1 Dosis	≥ 6 ≥ 6 2	I	B
Patienten mit Penicillin-Allergie oder Methicillin-resistente Staphylokokken				
Vancomycin ***mit*** Rifampicin ***und*** Gentamicin	30–60 mg/kg/Tag i.v. in 2–3 Dosen 900 (–1200) mg/Tag i.v. oder oral in 2 oder 3 geteilten Dosen 3 mg/kg/Tag i.v. in 1 Dosis	≥ 6 ≥ 6 2	I	B

Anhang C: Empfehlung der ESC zur Behandlung einer durch Staphylococcus spp. verursachten IE. (Buerke et al., 2016, S. 25)

Anhang D

Behandlung einer durch Enterococcus spp. verursachten IE				
Antibiotikum	Dosierung und Gebrauch	Therapiedauer (Wochen)	Empf.-grad	Evidenz-grad
Betalaktam- und Gentamicin-empfindliche Stämme				
Ampicillin ***mit*** Gentamicin	3–4 x 2–4 g i.v. 3 mg/kg/Tag i.v. in 1 Dosis	4–6 2–6	I	B
Ampicillin ***mit*** Ceftriaxon	3–4 x 2–4 g i.v. 2–4 g/Tag i.v. in 1–2 Dosen	6 6	I	B
Vancomycin ***mit*** Gentamicin	30 mg/kg/Tag i.v. in 2 Dosen 3 mg/kg/Tag i.v. in 1 Dosis	6 6	I	C

Anhang D: Empfehlung der ESC zur Behandlung einer durch Enterococcus spp. verursachten IE. (Buerke et al., 2016, S.26)